PROBLEMAS DERMATOLÓGICOS EN LA GESTACIÓN

MANUAL PARA MATRONAS Y PERSONAL SANITARIO

Gustavo A. Silva Muñoz

Patricia Álvarez Holgado

Mª Luisa Alcón Rodríguez

© Autores: *Gustavo A. Silva Muñoz, Patricia Álvarez Holgado, Mª Luisa Alcón Rodríguez.*

© por los textos: Servando J. Cros Otero, Estefanía Castillo Castro, Mª José Barbosa Chaves.

PROBLEMAS DERMATOLÓGICOS EN LA GESTACIÓN

29 de Octubre de 2012

ISBN:978-1-291-15957-8

1ª Edición

Impreso en España / Printed in Spain

Publicado por Lulú

INDICE

CAPÍTULO 1: 7

Problemas Dermatológicos en la Gestación: Introducción, Cambios hormonales, Cambios metabólicos y anatómicos.

Autores: Gustavo A. Silva Muñoz, Servando J. Cros Otero, , Mª Luisa Alcón Rodríguez.

CAPÍTULO 2: 12

Cambios fisiológicos en la piel: Alteraciones de la pigmentación, alteraciones en el cabello y uñas, alteraciones vasculares.

Autores: Servando J. Cros Otero, Patricia Álvarez Holgado, Estefanía Castillo Castro.

CAPÍTULO 3: 20

Dermatosis específica del embarazo: Herpes Gestationis. erupción polimorfa del embarazo (EPE), prúrigo del embarazo y foliculitis.

Autores: Mª José Barbosa Chaves, Servando J. Cros Otero, Estefanía Castillo Castro.

CAPÍTULO 4: 27

Enfermedades clínico-dermatológicas específica del embarazo: Colestasis recurrente del embarazo, Impétigo herpetiforme.

Autores: Gustavo A. Silva Muñoz, Patricia Álvarez Holgado, Mª José Barbosa Chaves.

CAPÍTULO 5: 32

Dermatosis que se exacerban en el embarazo: candidiasis, toxoplasmosis, gonorrea, condilomas acuminados y dermatitis-eczema atópico.

Autores: Mª José Barbosa Chaves, Estefanía Castillo Castro, Mª Luisa Alcón Rodríguez.

BIBLIOGRAFÍA. 36

CAPÍTULO 1

Problemas Dermatológicos en la Gestación: Introducción, Cambios hormonales, Cambios metabólicos y anatómicos.

INTRODUCCIÓN

El embarazo es una condición que altera y provoca una serie de cambios metabólicos, hormonales y endocrinos, y que pueden incidir sobre la piel y sus anexos.

Durante el embarazo existen repercusiones cutáneas casi desde el comienzo mismo de la gestación.

El binomio madre -feto, juntamente con la placenta ya constituyen todo un sistema endocrinológico que incluirá en su repercusión a la piel y a todo el organismo, produciendo modificaciones tanto fisiológicas como verdaderas dermatosis.

En general, gran parte de las aludidas

modificaciones, son dependientes del funcionamiento hormonal, metabólico, otras condiciones patológicas, nutricionales, étnicas, ambientales, hábitos, etc.

Muy a grandes rasgos, recordemos los cambios hormonales que se suceden. Prácticamente la placenta y el feto constituyen una unidad secretante. Se segrega la hormona gonadotrofina coriónica, cuya función principal es mantener el cuerpo amarillo que a su vez continúa con la producción de estrógenos durante los 3 primeros meses del embarazo que, por otra parte, suprimen la producción de hormona foliculoestimulante evitando nuevas menstruaciones.

Hay incremento de secreción de corticotropina, tirotropina, prolactina, aumento moderado de glucocorticoides, aldosterona, etc.

Casi todas las influencias que el embarazo ejerce sobre la piel han de ser consideradas como fisiológicas.

CAMBIOS HORMONALES

En el momento que se produce la fecundación entre el óvulo y el espermatozoide, el cuerpo lúteo situado en el ovario empieza a segregar hormonas como HCG, Estrógenos y Progesterona, para mantener el embarazo mientras que no se forma la placenta.

A partir de la semana 12 aproximadamente se forma la placenta la cual va a ser la encargada de mantener el embarazo hasta el final de la gestación, segregando estrógenos, progesterona y lactógeno placentario humano (HPL)

A nivel hipofisario (Hipófisis anterior) empieza a segregarse hormona melanocitoestimulante (MSH), prolactina y hormona adrenocorticotropa (ACTH).

La ACTH actua a nivel de las glándulas suprarrenales, produciendo un aumento en la secreción de aldosterona (retención de agua y sodio), cortisol y andrógenos.

CAMBIOS METABÓLICOS Y ANATÓMICOS

Debido a la adaptación del organismo al embarazo, se produce una serie de cambios a tener en cuenta:

- Aumenta el volumen sanguíneo (4-5/6 litros): Esto crea un posible aumento de la tensión arterial.

-Aumenta la vascularización en piel y mucosas a causa del aumento de estrógenos: puede llevar a mayor riesgo de sangrados.

-Estiramiento de los tejidos y crecimiento uterino (lordosis lumbar)

-Compresión del útero gravídico sobre la vena cava inferior: puede producir dificultad del retorno venoso.

A pesar de todos estos cambios no debemos concluir en que todo ello sea algo patológico, sino simplemente una respuesta fisiológica del organismo para adaptarse al embarazo.

CAPÍTULO 2

Cambios fisiológicos en la piel: Alteraciones de la pigmentación, alteraciones en el cabello y uñas, alteraciones vasculares.

ALTERACIONES DE LA PIGMENTACIÓN

La mayoría de las mujeres (90%) nota un incremento generalizado de la intensidad de la pigmentación de la piel durante la gestación (más frecuente en pieles morenas y en el segundo trimestre).

Las zonas pigmentadas: oscurecimiento a nivel de pezones, areolas, zonas genitales y en la línea media de la pared abdominal (linea alba). Las pecas y lunares ya existentes suelen acentuarse más e incluso aumentar de tamaño.

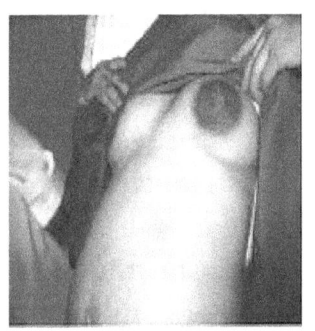 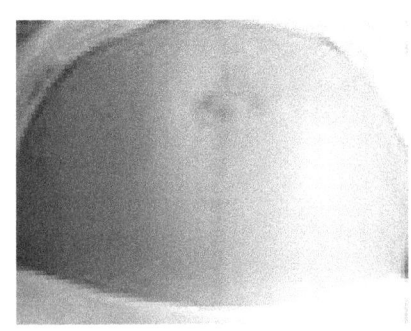

En el 0,5 – 1 % de la embarazadas puede observarse hipopigmentación. Las principales causas son un aumento en los niveles de la hormona estimulante de los melanocitos (MSH). La intensidad de la pigmentación usualmente disminuye después del parto, pero raramente hasta su coloración inicial.

Melasma

Se debe a un aumento de los niveles de estrógenos, progesterona y hormona melanocitoestimulante (MSH) y también al uso de anticonceptivos orales. Suele tener una distribución simétrica en pómulos, alrededor de la boca y en la frente. Desaparece un año después del parto pudiendo persistir en el 30% de los casos. Para su prevención es imprescindible evitar la irradiación solar mediante utilización diaria de una elevada protección solar (al menos factor 25).

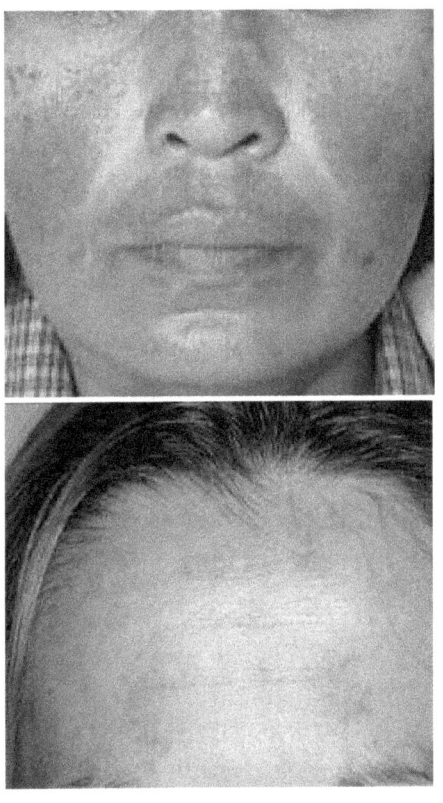

Una vez aparecido el cloasma, la utilización de despigmentantes cosméticos parece poco eficaz.

Para ello existen despigmentantes más potentes como la denominada <u>Triada de Kligman</u> o realización de <u>peelings químicos</u> con los que se obtienen resultados rápidamente (consultar a un dermatólogo). En cualquier caso, siempre es imprescindible evitar la radiación solar.

ALTERACIONES EN EL CABELLO Y UÑAS

HIRSUTISMO: El crecimiento piloso suele acentuarse en grado variable durante el embarazo, pudiendo aparecer en cara, brazos, línea alba y piernas. Suele deberse a factores endocrinos (aumento andrógenos urinarios) Involuciona aproximadamente durante los 6 meses posteriores al parto.

ALOPECIA: En el posparto, con la disminución en los niveles de estrógenos y progesterona, se produce la alopecia posparto. Se inicia entre el 1º y 5º mes posparto. Se añade una pérdida suplementaria por el estrés del parto y la pérdida sanguínea. El ciclo de crecimiento piloso regresa a la normalidad después del 1º año de finalizada la gestación. No requiere tratamiento.

ALTERACIONES VASCULARES

Debido al aumento de la secreción de estrógenos durante la gestación se producen cambios vasculares cutáneos como:

A) Arañas vasculares "Telangiectasias:" Más frecuentes en pieles blancas y más raras en las oscuras. Su localización principal es en piernas y rostro. Las principales causas de su aparición son herencia, embarazos, excesivo tiempo de pie o sentada... Se acentúan por la noche y generalmente desaparecen *después del parto. Para su prevención podemos:*

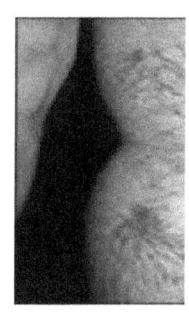

- *Elevar piernas cuando se pueda.*
- *Ejercicio regular.*
- *Dieta sana y equilibrada.*
- *Uso de medias de compresión.*

B) Eritema palmar

Más frecuente en el 1º trimestre. Es de

coloración rojiza y caliente de manos por la vasodilatación propia del embarazo.Desaparece algunos días después del nacimiento del bebé.

C) Cutis marmorata

Se debe a una inestabilidad vasomotora secundaria al aumento de estrógenos. Aparece como un punteado azulino en extremidades con la exposición al frío. Generalmente cede en el puerperio

D) Varices

Dilatación del sistema venoso que hace más visible la red venosa superficial debido a un aumento del volumen sanguíneo, por la compresión venosa por el útero gestante y por una relajación venosa hormonal.

Aparecen en la región inferior del cuerpo (piernas y àrea vulvar y en el ano como hemorroides). Tienden a mejorar después del embarazo.

F) Gingivitis

Casi el 80% de las gestantes desarrollan inflamación de las encías y enrojecimiento que puede llegar a ser doloroso y ulcerativo. Suele aparecer en el 2º o 3º mes de gestación. Por regla general desaparece tras el parto, y se aconsejan 2 revisiones odontológicas(3º y 6º mes).

> ➢ Épulis (Tumor del embarazo o Épulis Gravidarum)

Pequeña tumoración benigna que aparece en la encía de la gestante. Se debe al aumento de estrógenos, déficit de folatos y presencia de HCG en saliva. Más frecuente en el 1º trimestre. Suele desaparecer después del parto (sino desaparece, se necesitará tratamiento quirúrgico)

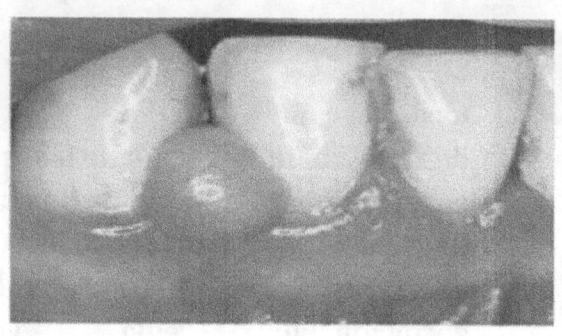

CAPÍTULO 3

Dermatosis específica del embarazo: Herpes Gestationis. erupción polimorfa del embarazo (EPE), prúrigo del embarazo y foliculitis.

La dermatosis específica son enfermedades dermatológicas con características peculiares que se ven solamente durante el embarazo o el postparto inmediato. Dentro de ellas podemos encontrar:

A) HERPES GESTATIONIS (PENFIGOIDE GESTACIONAL)

Es una dermatosis de origen desconocido (más frecuente en multíparas). Las lesiones van aparecer como una erupción vesículo-eritematosa muy pruriginosa. Su localización comienza en el abdomen (zona periumbilical) y se extiende al tronco, brazos y piernas. Predomina en el 3º trimestre (sobre la 28-32 s.g) y en algún caso en el postparto. Encontramos una exacerbación de los síntomas en el momento del parto o inmediatamente después (inicio tardío). Hay una resolución espontánea después del parto (varias semanas). Normalmente recurre en el 95% de embarazos posteriores (más precoz y más intensa). Suele haber mayor riesgo de prematuridad y de cir .Con respecto a datos de laboratorio encontramos eosinofilia en un alto porcentaje .

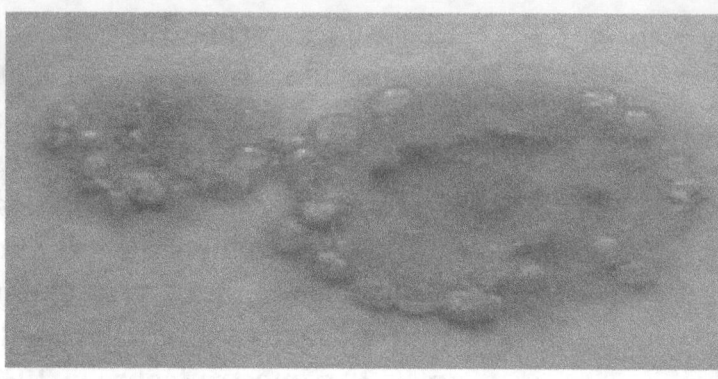

Tratamiento de elección: corticoterapia por vía oral prednisona 0,5-1mg/kg/día y se puede necesitar a lo largo de la gestación una dosis de mantenimiento. Se ha comprobado en diversos estudios que la lactancia materna disminuye la duración del brote

B) ERUPCIÓN POLIMORFA DEL EMBARAZO (EPE)

Es la dermatosis más frecuente del embarazo(1/150-200). De etiología desconocida. Tiene una clara relación con la distensión de la pared abdominal, por lo que se asocia a embarazos múltiples y polihidramnios. Aparece principalmente en primíparas(60-70%) y en el 3º trimestre (muy raro en postparto). Se suele exacerbar en el parto o inmediatamente después.

Con respecto a la clínica aparece un prurito intenso (puede anticiparse 1-2 semanas a la erupción. La lesión es una pápula edematosa bien delimitada. Su l*ocalización* aparece en el abdomen, respetando la zona periumbilical(especialmente sobre las estrías de distensión), extendiéndose en pocos días a gluteos,muslos,piernas y brazos .

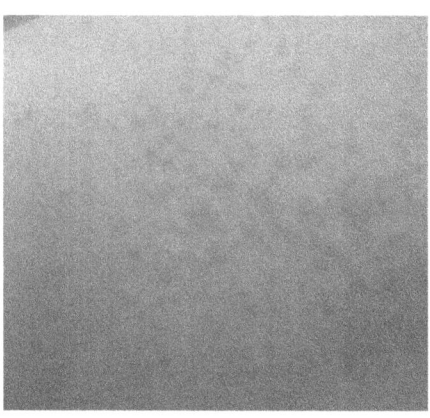

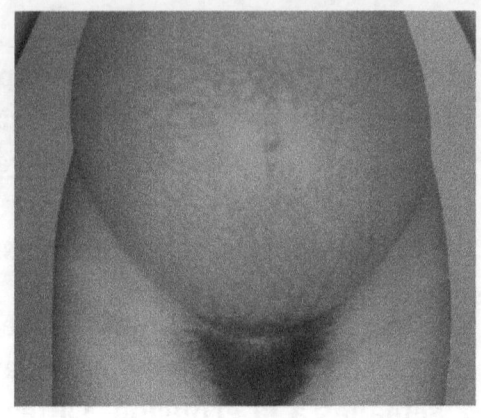

Suele remitir a las 2-3 semanas postparto. No tiene repercusión materna ni fetal. No suele tener recurrencia en embarazos posteriores (única dermatosis que no la tiene) y con diferencia del herpes gestationis la eosinofilia es negativa.

Su tratamiento se basa en corticoides potentes por via tópica y antihistaminicos.

C) PRÚRIGO DEL EMBARAZO

Tiene una etiología desconocida,

ocurre en 1 de cada 300 embarazos y se relaciona con gestantes con antecedentes de atopia. Es una dermatitis pruriginosa que normalmente aparece entre el 4º y 9º mes de gestación (20-34 sg) y en algunos casos puede persistir hasta pasados 3 meses del parto. Con respecto a las lesiones, nos encontraremos pápulas agrupadas en placas muy pruriginosas, la mayoría escoriadas y con costras hemáticas. Se localizan en primer lugar en las superficies extensoras de las extremidades con posterior diseminación a abdomen, pecho y

espalda

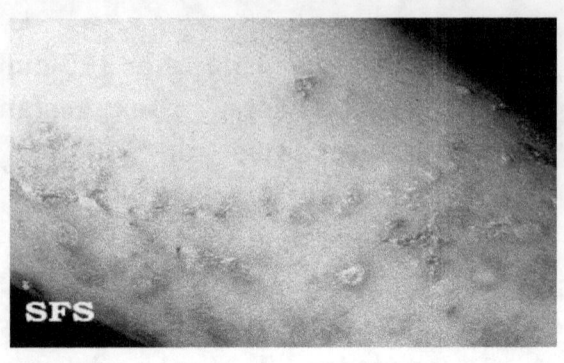

COSTRAS HEMÁTICAS

Puede recurrir en embarazos posteriores y no suele tener repercusión materna ni fetal. La analítica es normal sin alterarse los eosinófilos. Con respecto al tratamiento, será practicamente igual que en los casos anteriores (antihistamínicos y corticoides tópicos)

D) FOLICULITIS DEL EMBARAZO

Es una enfermedad de etiología desconocida, muy infrecuente. Suele aparecer del 4º-9º mes de gestación, resolviéndose tras el parto. La lesión es una erupción monomorfa, pápulo-pustulosa. Se debe a una reacción acneiforme ocasionada por una hipersensibilidad a las hormonas del embarazo.

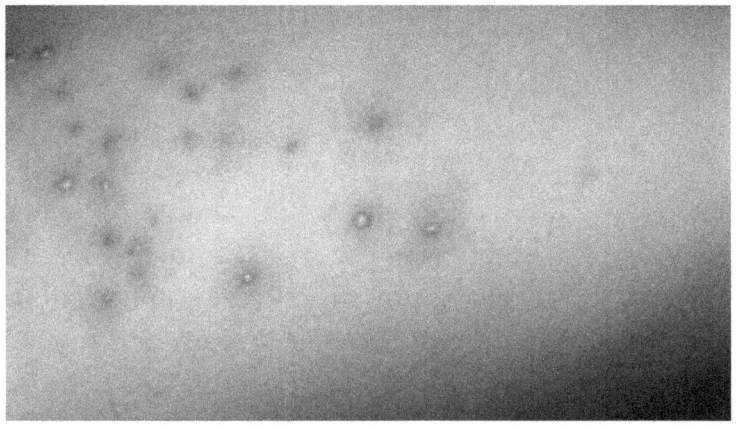

Su localización es en el tronco y a veces se extiende a extremidades. Suele recurrir en embarazos posteriores y no tiene riesgo materno-fetal. El tratamiento usado para estos casos es eritromicina al 2-4 % o bien mezcla de corticoides tópicos y peróxido de benzoilo (buenos resultados).

CAPÍTULO 4

Enfermedades clínico-dermatológicas específica del embarazo: Colestasis recurrente del embarazo, Impétigo herpetiforme.

Enfermedad con clínica dermatológica que sin ser una dermatosis específica aparece mayoritariamente en la gestación, aunque se puede dar fuera de ella. Dentro de éstas encontramos dos patologías bastante frecuentes:

A) COLESTASIS RECURRENTE DEL EMBARAZO

Tiene una incidencia de 1/500-1000 embarazos. Es la 2ª causa de ictericia en embarazo. Suele aparecer en el tercer trimestre (70%). Comienza con un prurito intenso en palmas y plantas y luego se extiende a brazos, piernas, tronco y cara. De predominio nocturno. Las excoriaciones aparecen por rascado (no lesión 1ª)

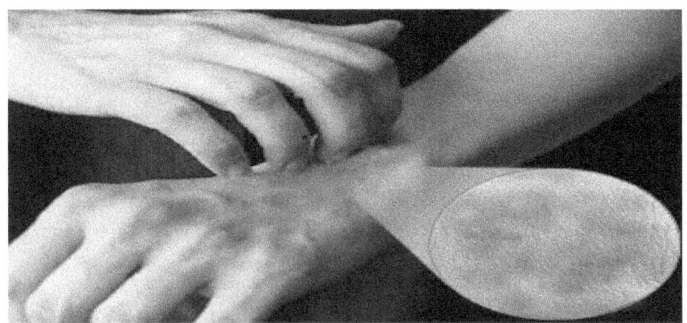

Las causas se deben principalmente al aumento de progestágenos que disminuyen la excrección hepática de ac. biliares. El propio embarazo puede retrasar o incluso bloquear completamente el flujo de bilis. Por tanto, los Ác. biliares son eliminados de manera incompleta por el hígado y se acumulan a nivel plasmático. Ésta acumulación de ac.biliares a nivel plasmático produce una serie de síntomas:

> Prurito muy intenso
> Heces de color blanco (acolia)

- Orina de color oscuro
- Dolor en hipocondrio derecho
- Ictericia (mucosas, piel y esclerótica)

Tiene una resolución espontánea después del parto (1-2 semanas) y en muchas ocasiones recurre en embarazos posteriores (60-70%).

En los datos de laboratorio encontramos elevadas la fosfatasa alcalina, las transaminasas (GOT,GPT) y bilirrubina.

A nivel materno tenemos riesgos de malabsorción y esteatorrea, y déficit de vitamina K, con mayor riesgo de sangrado, y a nivel fetal hay un mayor riesgo de prematuridad, sufrimiento fetal agudo (SFA) incluso muerte fetal.

Con respecto al tratamiento se basa en Ác. Ursodesoxicólico (15mg/kg/dia) que mejora el prurito y aumenta el flujo de bilis en el intestino. También debe usarse corticoesteroides, en forma de cremas o lociones, antihistamínicos v.o, dieta baja en grasas y suplementos de vitamina K. En estos casos debe realizarse un control sanguíneo semanal de la función hepática.

B) IMPÉTIGO HERPETIFORME

Se trata de posible reactivación o presentación inicial de psoriasis en personas predispuestas. Las lesiones son placas eritematosas con bordes pustulosos (3º trimestre). Aparece con un prurito intenso y afectación del estado general 80% (fiebre, nauseas, vómitos...). Se localizan preferentemente en pliegues, sin atacar cara, manos ni pies.

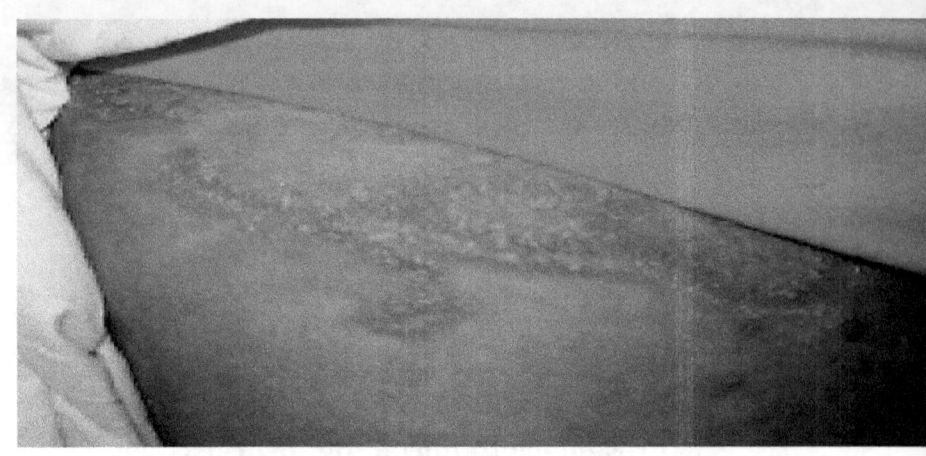

Suele recurrir en embarazos posteriores y se puede asociar a hipocalcemia.

Con respecto a los riesgos maternos, se asocia a una alta mortalidad si no se trata y en el feto puede ocurrir disfunción placentaria y muerte fetal. El tratamiento se basa con corticoides sistémicos (prednisolona 30-40mg /día) y cuidado del equlibrio hidroelectrolítico.

CAPÍTULO 5

Dermatosis que se exacerban en el embarazo: candidiasis, toxoplasmosis, gonorrea, condilomas acuminados y dermatitis-eczema atópico.

Durante la gestación, la inmunidad celular está deprimida, de ahí que aumente la susceptibilidad a las infecciones bacterianas, virales y fúngicas.

A) CANDIDIASIS

Su frecuencia durante el embarazo, es 20 veces mayor con respecto al resto de la población. El aumento de estrógenos favorece el crecimiento de hongos. Con respecto a los síntomas, nos encontramos:

- Picor, dolor y enrojecimiento de la vagina
- Flujo vaginal de color blanco, cremoso

- Dispareunia

No suele tener repercusión fetal, y el tratamiento se basa en clotrimazol 2-5% vía vaginal.

B) TOXOPLASMOSIS

Ocasionado por el Toxoplasma gondii que suele producir exantema y erupción máculo papular. Puede producir importantes defectos fetales.

C) GONORREA

Se disemina más facilmente en el embarazo. Crece en zonas húmedas del ap. reproductor y también puede hacerlo en boca, garganta, ojos y ano. El hecho de padecer dicha enfermedad supone un mayor riesgo de amnioítis, CIR, RPM y parto pretérmino y puede tener repercusión fetal como gonorrea en ojos (causar ceguera). El tratamiento está basado en antibióticos sistémicos.

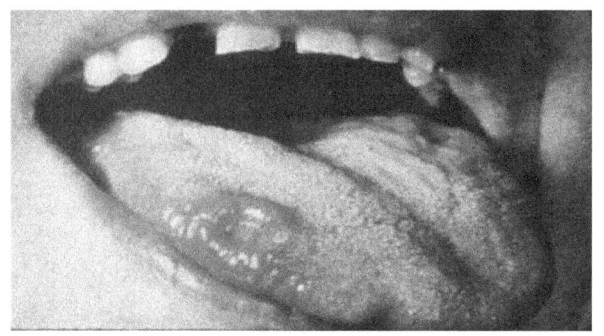

D) CONDILOMAS ACUMINADOS

Son verrugas blandas que aparecen en genitales y/o ano (producido por el VPH). Habitualmente en el embarazo adquieren dimensiones gigantescas obstruyendo el canal del parto por lo que a veces hay que practicar cesárea.

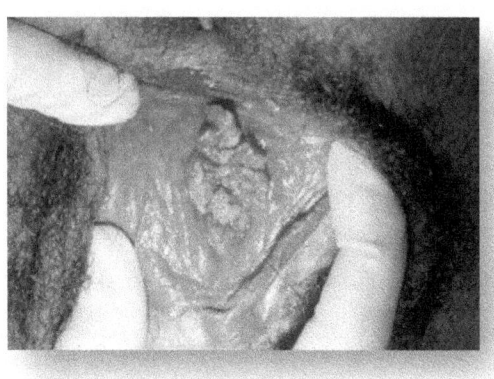

En el tratamiento estaría

contraindicada en el embarazo la podofilina, por lo que la mejor alternativa sería la crioterapia.

E) DERMATITIS- ECZEMA ATÓPICO

Se exacerba el prurito, pero hay casos que mejoran. La distribución de las lesiones son en extremidades, tronco y cara y en el postparto se puede presentar dermatitis en manos y pezón. El tratamiento consiste en corticoides tópicos y antihistamínicos.

BIBLIOGRAFÍA

1. Dr .Miquel Carreras.Alteraciones dermatológicas durante el embarazo. I&D.E. Carreras.Novartis Consumer Health, S.A

2. V Estrella, S Barraza, A Sánchez, RA Fernández. Piel y embarazo.Rev.argent.dermatol.v.8 7 n.4 Ciudad Autónoma de Buenos Aires oct./dic.2006

3. Dra.Johanna Palacios Paredes. Enfermedades dermatologicas durante el embarazo.Trabajo original.

4. Protocolos Asistenciales en Obstetricia(S.E.G.O).Dermopatías y gestación (2004)

5. Drs. *Mohamed Sukni G.[1], Macarena Reinero C.*, Lorena Pardo T.*, María*

Eugenia Rybak O HERPES GESTATIONIS. Rev. chil. Obstet.ginecol. v.67 n.3 Santiago 2002

6. Berrón RAL. *Cambios fisiológicos de la piel durante el embarazo.* Rev Cent Dermatol Pascua • Vol. 16, Núm. 2 • May-Ago 2007

7. Dr.Fernando Cárdenas U;Dr. Emilio Parra; Revista Boliviana de dermatología.nº1-vol 1-año 2002. *Embarazo y piel.*

8. [Physiological cutaneous signs in normal pregnancy: a study of 60 pregnant women].Esteve E, Saudeau L, Pierre F, Barruet K, Vaillant L, Lorette G. Article in French.PMID: 7832550 [PubMed – indexed for MEDLINE].Service de

Dermatologie, Hôpital Trousseau(1994)

www.ingramcontent.com/pod-product-compliance
Lightning Source LLC
Chambersburg PA
CBHW072306170526
45158CB00003BA/1211